Paul Langevin

L'Aspect général de la théorie de la théorie de la relativité

Science

ISBN : 978-1544246543

10 9 8 7 6 5 4 3 2 1

Paul Langevin

L'Aspect général de la théorie de la relativité

Science

Table de Matières

L'Aspect général de la théorie de la relativité

Mesdames, Messieurs, Mes chers camarades, Quand j'ai accepté, il y a deux mois, de venir vous parler de la théorie de la relativité, je ne pensais pas que ce serait précisément la veille du jour où M. Einstein doit donner, au Collège de France, la première des Conférences dans lesquelles il a bien voulu accepter de venir exposer lui-même et discuter ses idées. Je n'ai cependant pas cru devoir déplacer la mienne parce qu'elle me fournit l'occasion de vous dire pourquoi nous avons invité M. Einstein et quelle est l'importance du remaniement auquel il a soumis les notions les plus fondamentales de la Physique et de la Géométrie. Je vais m'efforcer de vous donner un aperçu d'ensemble d'une œuvre poursuivie sans relâche depuis dix-sept ans, puisque c'est en 1905 que M. Einstein a publié son premier mémoire sur ce sujet. Il avait alors vingt-cinq ans. En fait, il s'agit ici de plus qu'une découverte, d'un changement de point vue comparable seulement à celui qu'a introduit Copernic quand il a mis la Terre à sa place dans le système du monde. Pour vous en donner une idée, il est nécessaire que je vous rappelle tout d'abord comment était constitué l'ensemble de nos théories physiques avant la Relativité. Cet ensemble peut se représenter par la classification des Sciences telle qu'Auguste Comte l'a codifiée de manière qu'il croyait définitive.

Au sommet, ou à la base, comme vous voudrez, il y avait la Géométrie, c'est-à-dire la Science de l'espace. On imaginait que tous les phénomènes se déroulaient au cours du temps dans un espace à trois dimensions dont les propriétés, déterminées a priori et de manière intangible, étaient régies par les lois de la Géométrie Euclidienne, telles qu'on nous les a enseignées. Ces lois se déduisaient d'une manière très précise d'un certain nombre d'axiomes et de postulats. Parmi ces derniers un rôle essentiel était joué par le fameux postulatum d'Euclide d'après lequel par tout point on peut mener une parallèle à une droite quelconque et on n'en peut mener qu'une seule. Toutes les Sciences sous-jacentes, Mécanique, Astronomie, Physique, Chimie, Biologie, etc…, étudient des phénomènes qui sont situés dans l'Espace ainsi défini. Elles respectent et conservent les lois de la Géométrie Euclidienne auxquelles elles sont soumises. Il n'était venu à l'esprit de personne que les propriétés de l'Espace, c'est-à-dire les lois de la Géométrie, puissent dépendre de ce qui s'y trouve, c'est-à-dire de toute la Physique, au sens le plus général de ce mot. Et cependant, quelle réponse ferions-nous si l'on nous posait a priori cette question : Les propriétés de l'Espace, c'est-à-dire les propriétés des figures que nous pouvons construire avec des objets matériels, des règles par exemple, seront-elles indépendantes de l'endroit où nous serons placés, à proximité plus ou moins grande d'une masse importante de matière comme la Terre ou le Soleil ou même l'intérieur de cette masse ? L'espace est-il vraiment absolu, rigide, intangible comme la Géométrie Euclidienne nous l'enseigne, ou bien, ses propriétés ne dépendent-elles pas plutôt de la quantité et de la distribution de la matière présente. C'est la conclusion même de la théorie de la Relativité généralisée que les propriétés même géométriques de l'Univers sont déterminées par la matière ou par l'Énergie présente, sont relatives à ce qui s'y trouve ou à ce qui s'y passe. Des lois aussi fondamentales que celles de la Géométrie ne sont pas données a priori par un décret de la Nature antérieur à l'existence de toute matière et de tout phénomène, mais sont au contraire, comme il semble plus naturel, déterminées en tout lieu et à tout instant, par toute la réalité présente.

Cette conception n'aurait évidemment aucun sens s'il était exact, comme on l'a cru pendant longtemps que la Géométrie Euclidienne soit la seule possible. C'est le mérite des précurseurs comme Lobatchewsky, Gauss, Riemann, d'avoir montré qu'on pouvait très bien, sans aucune contradiction logique, imaginer d'autres Géométries que celle d'Euclide. Henri Poincaré a complété leur œuvre en y introduisant une extraordinaire clarté. Il suffit en effet, d'abandonner le postulatum d'Euclide et de le remplacer par un autre pour obtenir une Géométrie non Euclidienne aussi légitime, a priori, que l'ancienne. C'est à l'expérience de montrer laquelle des Géométries ainsi constituées s'adapte le mieux à la représentation des réalités physiques. En admettant, par exemple, que par un point on ne peut pas mener de parallèle à une droite on obtient la Géométrie de Riemann, et si l'on admet au contraire qu'on en peut mener une infinité, on obtient la Géométrie de Lobatchewsky. On obtient des géométries plus générales encore en abandonnant d'autres postulats, par exemple celui de l'homogénéité de l'espace. Ces constructions sont restées très abstraites jusqu'à ce qu'on se soit aperçu avec Henri Poincaré que les Géométries non Euclidiennes sont précisément, dans le cas de deux dimensions, celles qui régissent les propriétés des lignes tracées sur les surfaces lorsqu'il s'agit de surfaces non développables, c'est-à-dire non applicables sur un plan par déroulement. La Géométrie de Riemann est celle qui régit les propriétés des lignes tracées sur la sphère, celle de Lobatchewsky correspond à une autre famille de surfaces simples et pour une surface quelconque, la Géométrie est non euclidienne et plus compliquée en général que celles de Riemann-Lobatchewsky. Pour une surface développable comme le cylindre ou le cône, qu'on peut ouvrir et appliquer sur un plan, les propriétés des lignes tracées sur la surface sont évidemment les mêmes que pour un plan, ce sont celles qu'étudie la géométrie plane ordinaire, la Géométrie Euclidienne.

Les diverses surfaces n'ont pas, au point de vue pratique une égale importance ; après celle du plan, vous avez étudié la Géométrie de la sphère mais vous n'avez pas envisagé celle des lignes tracées sur la surface de cette carafe parce qu'elle est très compliquée et dépourvue d'applications. Il n'en est pas moins vrai que sur une surface quelconque on peut tracer des lignes et que parmi celles-ci il en est qui jouent un rôle privilégié analogue à celui que joue la droite dans le plan ou, sur le cylindre, l'hélice que devient la droite du plan après l'enroulement. Ces lignes privilégiées s'appellent géodésiques. Chacune d'elles représente sur la surface le plus court chemin entre deux de ses points. C'est encore, si l'on veut, la ligne suivant laquelle un fil tendu s'applique sur la surface. Dans le cas de la sphère, ces lignes sont les grands cercles, c'est-à-dire les circonférences dont le plan passe par le centre de la sphère. Pour aller d'un point à un autre sur la Terre, par exemple, le plus court chemin consiste à suivre l'arc de grand cercle suivant lequel la sphère est coupée par le plan qui contient les deux points et le centre. Quand on prend une géodésique et un point situé en dehors d'elle sur la surface peut-on, par ce point, faire passer des géodésiques qui ne rencontrent pas la première, c'est-à-dire des parallèles à celle-ci ? La réponse à cette question dépend de la surface considérée. Sur le plan Euclidien ou sur la surface développable, il y a une parallèle et une seule conformément au postulatum d'Euclide. Vous savez que sur la sphère deux grands cercles quelconques se

Paul Langevin

rencontrent en deux points diamétralement opposés ; il n'y a donc pas de parallèles sur la sphère, bien que tous les axiomes ou postulats de la Géométrie plane autres que le postulatum d'Euclide y soient encore vérifiés. En fait, Beltrami et Poincaré ont montré que la Géométrie des lignes tracées sur la sphère n'est pas autre chose que la Géométrie de Riemann dans laquelle on suppose que par un point on ne peut pas mener de parallèle à une droite donnée. Il suffit dans les résultats de cette Géométrie de remplacer le mot droite par celui de grand cercle pour obtenir exactement la Géométrie sphérique. Pour d'autres surfaces au contraire, on peut par un point quelconque faire passer une infinité de géodésiques ne rencontrant pas une géodésique donnée et pour lesquelles cependant les autres axiomes de la Géométrie ordinaire subsistent. La Géométrie des lignes tracées sur ces surfaces est précisément celle de Lobatchewsky à condition de remplacer dans les énoncés de celle-ci le mot de droite par celui de Géodésique ce qui ne change évidemment rien à sa structure ni à son contenu. Ainsi les géométries non Euclidiennes à deux dimensions sortent de leurs limbes et prennent une signification concrète précise : ce sont les Géométries des lignes tracées sur des surfaces qu'on peut envisager dans un espace Euclidien à trois dimensions. Riemann est allé plus loin et a imaginé un espace à trois dimensions comme l'espace Euclidien mais qui en différerait cependant par le fait que les parallèles n'y existeraient pas, ou au contraire parce qu'on pourrait mener par un point une infinité de parallèles à une droite ou plus exactement à une géodésique de cet espace définie comme ligne de plus courte distance entre deux quelconques de ses points. De semblables Géométries se développent sans aucune contradiction et leur expression mathématique ou analytique est tout simplement une transposition de la Géométrie des surfaces ordinaires dans le cas d'un plus grand nombre de dimensions. C'est là un jeu de formules qui ne présente aucune difficulté mais dont nous ne pouvons plus suivre la signification aussi facilement que dans le cas des surfaces ordinaires parce qu'un espace quelconque de Riemann ne peut être conçu comme une surface à trois dimensions tracée dans un espace Euclidien que si celui-ci est à six dimensions. Comme un tel espace ne nous est pas familier, il est beaucoup plus simple d'étudier les propriétés de l'espace Riemannien sans en sortir,

L'Aspect général de la théorie de la relativité

comme Gauss a montré qu'on pouvait étudier de manière intrin-
sèque la Géométrie des lignes tracées sur une surface, sans sortir de
celle-ci et sans la supposer située dans un espace euclidien à trois
dimensions. Gauss construit toute la théorie des surfaces en supposant qu'elle est euclidienne dans l'infiniment petit, c'est-à-dire
que la surface se confond au voisinage de chaque point avec son
plan tangent. L'ensemble de la surface est ainsi constitué par la jux-
taposition d'une infinité de facettes planes infiniment petites dont
l'ensemble n'est pas euclidien, c'est-à-dire n'est pas applicable sur
un plan. De même pour Riemann, l'espace à trois dimensions peut
être considéré comme euclidien dans une région infiniment petite
autour de chacun de ses points où il se confond, pour ainsi dire,
avec un espace euclidien tangent, mais celui-ci change d'un point
à l'autre comme le plan tangent à la surface de Gauss et l'ensemble
est non euclidien. Nous verrons que cette conception de Gauss et
de Riemann est à la base de toute la théorie de Relativité généralisée. Pour celle-ci, l'Univers réel est non-Euclidien, mais il pos-
sède au voisinage immédiat de chacun de ses éléments un Univers
Euclidien tangent dont la conception résumera la première étape
du développement de la théorie, celle que nous désignerons sous le
nom de Relativité restreinte. Tout ceci n'est qu'un préambule desti-
né à vous rappeler ce qu'était la Géométrie et ce qu'elle pouvait devenir, puisque des mathématiciens avaient montré la possibilité de
construire d'autres Géométries que celle d'Euclide, la seule connue
depuis les Grecs. Or, jusqu'à Einstein, les physiciens et avec eux
les plus grands des mathématiciens comme Henri Poincaré, ont
toujours cru qu'ils n'avaient pas besoin, pour représenter les lois de
la Nature d'autres Géométries que celle d'Euclide. Ils voyaient dans
les Géométries non euclidiennes à plus de deux dimensions des
jeux de l'esprit sans applications pratiques. En fait les mathématiciens sont des artistes qui s'amusent ainsi à construire des systèmes
à cause de leur beauté sans se préoccuper de savoir s'ils pourront
servir à quelque chose. Nous devons leur en savoir gré, parce qu'en
travaillant de la sorte, ils nous ont fourni des instruments admi-
rables dont Einstein a montré qu'il était non seulement possible
mais encore nécessaire de se servir pour représenter la réalité physique. Ce travail spontané des mathématiciens joue au point de
vue des applications à la Physique le même rôle que la recherche

Paul Langevin

désintéressée des Physiciens, poussés uniquement par souci de comprendre, joue par rapport aux applications pratiques. Les découvertes les plus utiles à ce dernier point de vue ont été faites sans aucun souci d'utilité immédiate ; on stérilise la recherche scientifique en l'obligeant prématurément à s'occuper d'intérêts matériels.

Dans la structure ancienne de l'édifice des Sciences, à côté des notions fondamentales de la Géométrie Euclidienne et peut-être au-dessus, se trouvait placé le temps absolu, le vieux Temps avec sa faux, souverain absolu du Monde. Ce temps absolu possédait des propriétés qu'on lui attribuait a priori sans avoir beaucoup réfléchi à leur signification expérimentale précise. On croyait savoir par exemple ce qu'on voulait dire en parlant de la simultanéité de deux événements qui se passent en des lieux différents ; on attribuait à cette notion une signification absolue, de même qu'à celle d'ordre de succession dans le temps pour des événements distants dans l'espace. Pour des événements qui se passent en un même lieu, à notre contact, par exemple, ces notions de simultanéité et d'ordre de succession ont un sens bien défini, une signification absolue. Quand deux événements tels que les présences de deux portions de matière se produisent au même lieu et au même instant, cette coïncidence à la fois dans l'espace et dans le temps peut se traduire par un phénomène, le choc des deux portions de matière par exemple et tous les observateurs quels que soient leurs mouvements les uns par rapport aux autres et quels que soient les procédés qu'ils emploient pour repérer les positions des événements seront nécessairement d'accord sur cette coïncidence. De même si deux événements se succèdent dans une même portion de matière le premier détermine ou influe sur les conditions dans lesquelles l'autre se produit, il intervient comme cause. Cette liaison ayant un sens absolu, tous les observateurs doivent être d'accord sur l'ordre de succession des deux événements dans le temps ; pour personne la cause ne peut être postérieure à l'effet. L'idée a priori qu'il doit en être de même pour des événements distants dans l'espace tient évidemment à ce que nous imaginons toujours la possibilité d'une action possible d'un de ces événements sur l'autre, d'un lien causal établi entre eux par l'intermédiaire d'une action à distance par signal ou par messager. Pour qu'il en soit ainsi quelle que grande que soit la distance entre les événements et quelque petit que soit leur intervalle dans le temps, il faudrait que nous disposions d'un moyen d'agir ou de signaler instantanément à distance. La notion de temps absolu se présente ainsi comme solidaire des notions d'action instantanée à distance, d'existence d'ondes se propageant ou de mobile se déplaçant avec une vitesse infinie. La notion de solide invariable c'est-à-dire d'un solide qu'on peut mettre instantanément en mouvement dans toute son étendue ou, ce qui revient au même, dans lequel les ondes élastiques se propagent avec une vitesse infinie, la notion analogue de fil ou de cordon de sonnette inextensible au moyen duquel on pourrait signaler instantanément à distance sont évidemment connexes de la notion de temps absolu. Cette dernière n'aurait de sens expérimental que si les autres correspondaient à des réalités et nous savons bien qu'il n'en est pas ainsi. C'est là un point qu'il importe de souligner tout d'abord pour montrer la faiblesse de cette construction ancienne où le temps absolu jouait un rôle essentiel sans qu'on ait jamais analysé le contenu de cette idée, ni montré sa connexité avec la possibilité sans caractère expérimental d'action instantanée à distance. Vous savez au contraire comment on procède en réalité pour établir la concordance des temps en des lieux différents, pour régler les unes par rapport aux autres des horloges placées en différents points de la Terre. On échange entre les observatoires ou sont placées ces horloges des signaux réels au moyen de la lumière ou des ondes hertziennes. C'est précisément là le travail dont s'occupent en ce moment les géodésiens en utilisant la télégraphie sans fil. C'est la tour Eiffel qui est le centre de ce réseau d'horloges dont la concordance est obtenue de la manière suivante : Des horloges astronomiques sont établies à Paris et dans les autres lieux, à New-York par exemple. Ces horloges sont tout d'abord réglées de manière à avoir la même marche comparée au mouvement des étoiles. On pourrait d'ailleurs, si la Terre était couverte de nuages, se dispenser d'observer des étoiles en envoyant de Paris des signaux périodiques à intervalles égaux à l'unité de temps, et l'horloge de New-York devrait être réglée de manière que son unité de temps concorde avec l'intervalle d'arrivée de deux signaux consécutifs. Il s'agit ensuite de savoir quelle position on doit donner aux aiguilles de l'horloge de New-York pour réaliser la concordance du temps de cette horloge avec celle de Paris. Pour cela nous enverrons de Paris

Paul Langevin

à midi un signal hertzien et nous noterons l'heure de son arrivée à l'horloge de New-York. Nous recommencerons la même opération en sens inverse en notant l'heure d'arrivée à l'horloge de Paris d'un signal hertzien émis par New-York à une heure bien déterminée de son horloge. Nous déduirons de ces indications la quantité dont on doit avancer ou retarder l'horloge de New-York pour que les durées de propagation des deux signaux de sens opposés soient égales, la durée de propagation de chaque signal étant mesurée par la différence entre l'heure de son arrivée à l'horloge du point d'arrivée et l'heure de son départ à l'horloge du point de départ. Si la marche des horloges a été bien réglée la condition ainsi réalisée subsistera au cours du temps ; on pourra d'ailleurs s'en assurer en faisant, comme l'on dit, une remise à l'heure de temps en temps. Nous établissons la concordance des temps en posant comme condition essentielle que les signaux lumineux ou hertziens doivent mettre le même temps pour parcourir une même distance dans des sens opposés. Nous admettons ainsi que la lumière ou les ondes hertziennes se propagent dans toutes les directions avec une même vitesse que des expériences du genre de la précédente montrent égale à trois cent mille kilomètres par seconde. L'expérience montre d'ailleurs que la concordance ainsi établie sur un système tel que la Terre est parfaitement cohérente, c'est-à-dire que deux horloges dont les indications concordent avec celles d'une troisième sont concordantes entre elles. Si on a réglé New-York et Pékin sur Paris, des signaux échangés entre Pékin et New-York vérifient le réglage de ces deux postes l'un par rapport à l'autre. On obtient un réseau complet d'horloges concordantes par simple réglage au moyen d'une horloge centrale, celle de Paris par exemple. Ce résultat n'est nullement évident a priori. Nous verrons qu'il ne subsiste pas lorsque la rotation du système matériel sur lequel on effectue le réglage devient suffisamment rapide. ou de façon plus générale lorsque ce système est placé dans un champ de gravitation. Ce fait fondamental que vérifie l'expérience c'est l'axiome d'Einstein sur la possibilité d'obtenir, au moyen de signaux lumineux de vitesse constante, la concordance des temps entre des horloges portées par un système matériel en mouvement de translation rectiligne et uniforme par rapport aux axes d'inertie, pour lesquels les lois de la mécanique sont exactes, c'est-à-dire par rapport à un système dans lequel un mobile abandonné à lui-même se meut d'un mouvement rectiligne et uniforme. Ceci suppose précisément l'absence de rotation des axes ou de champ de gravitation. La faible rotation de la Terre n'exerce ici aucune influence sensible sur la propagation de la lumière ou des ondes de T. S. F. Tout ceci est parfaitement clair et a, de plus, l'avantage sur l'ancienne notion du temps absolu d'avoir un sens expérimental précis. Jusqu'ici quand on opérait de la sorte, on ne mettait pas en doute que la concordance des temps ainsi réalisée donne effectivement le temps absolu. On avait recours, il est vrai, à des signaux de vitesse finie, mais comme on tenait compte du temps de propagation on ne doutait pas que le réglage obtenu reste légitime pour des observateurs qui ne seraient pas liés à la Terre et seraient en mouvement par rapport à celle-ci. Les lois expérimentales de l'électromagnétisme et de l'Optique vont nous imposer la conclusion contraire et nous montrer le caractère relatif de la concordance des temps obtenue par l'intermédiaire de signaux lumineux. Nous serons conduits à poser en principe qu'aucun autre moyen accessible expérimentalement ne nous permettrait d'aboutir à un résultat différent et d'obtenir une autre définition du temps.

Après la géométrie, après le temps, il y a ce qu'on appelle la cinématique, c'est-à-dire l'étude de la succession des événements dans le temps, l'étude des trajectoires des mobiles. Cette étude fait intervenir non seulement des points comme t'espace et des instants comme le temps, mais des événements qui se passent en des points successifs à des instants différents. Nous avons ici affaire non plus à un ensemble à trois dimensions comme l'espace ou à un ensemble à une dimension comme le temps, dont les instants se succèdent en quelque sorte en série linéaire, mais nous avons affaire à un ensemble d'événements, à ce que nous appelons une multiplicité qui est en réalité à quatre dimensions. Il faut bien nous entendre. Cela veut dire que, pour fixer un événement, il faut savoir où il se passe, ce qui exige trais coordonnées d'espace, et quand il se passe (et alors il faut une quatrième variable qui est le temps). Nous ne disons pas du tout que le temps est une quatrième dimension de l'espace, cela n'aurait aucun sens. Nous disons que la cinématique s'occupe des événements, et que pour fixer un événement, il faut connaître quatre quantités : trois coordonnées d'espace (par

Paul Langevin

exemple à quelles distances des murs de cette salle se passe cet événement, dans trois directions perpendiculaires), et une quatrième coordonnée, l'instant où il se passe. La cinématique est donc la partie de la science qui s'occupe de la multiplicité des événements, et qui étudie les mouvements des points sur les trajectoires, les notions dérivées de vitesse, d'accélération, etc… Ceci est parfaitement simple. Nous avons, dans l'hypothèse du temps absolu et de la géométrie euclidienne une cinématique parfaitement définie.

Après cette cinématique, vient la dynamique. C'est la vieille mécanique rationnelle de Newton, qui a été construite à grand-peine, et dont la valeur est immense puisqu'elle représente encore une approximation excellente pour tous les phénomènes qui nous intéressent au point de vue pratique. Cette dynamique introduit de nouvelles conceptions, de nouveaux absolus. Nous avions déjà l'espace euclidien, le temps absolu. Newton a introduit explicitement la notion de la masse absolue pour préciser l'idée qu'un corps manifeste une résistance aux changements de vitesse. Quand on veut lui communiquer ce que nous appelons une accélération. en faisant agir sur lui une force, il cède plus ou moins volontiers à l'action de cette force. Pour une même action, il prendra un mouvement plus ou moins rapide, sa vitesse changera plus ou moins lentement suivant qu'il sera plus ou moins inerte. Un gros corps résistera plus, se mettra en mouvement moins facilement qu'un petit, cette propriété d'inertie étant caractérisée par ce que Newton a appelé la masse du corps. Cette masse est conçue comme caractéristique de la quantité de matière que contient le corps et comme étant a priori invariable quelles que soient les modifications intérieures que le corps peut subir. Ce qui caractérise la notion de masse absolue, c'est l'idée que les propriétés mécaniques d'une portion de matière sont indépendantes de l'état dans lequel peut être cette portion de matière. Qu'un corps soit froid ou qu'il soit chaud, qu'il contienne de l'eau ou que j'y comprime l'oxygène et l'hydrogène qui résultent de la décomposition de l'eau, au point de vue newtonien la manière dont ce corps résiste aux changements de vitesse serait exactement la même. Il en serait également ainsi que le corps soit en repos ou qu'il soit en mouvement. C'est une notion fondamentale en mécanique que l'effet de la vitesse est indépendant du mouvement antérieurement acquis. La masse sera la même si le corps est en repos ou s'il est en mouvement : c'est la masse absolue.

Au dessous de cette mécanique, dans la classification d'Auguste Comte, nous avons la physique ancienne, avec des compartiments divers : pesanteur, hydrostatique, acoustique, électricité, magnétisme, optique, etc… L'idéal déjà anciennement introduit était d'essayer d'expliquer la physique par la mécanique, de représenter les lois relatives aux différents compartiments de la physique à partir de la mécanique. L'idéal cartésien est précisément cela : ramener tout à la matière et au mouvement. La tâche était immense, mais le but était clair : introduire en somme de l'unité dans toute cette diversité des phénomènes physiques en essayant de les ramener tous à des phénomènes considérés comme simples, en atteignant ce qu'on appelle une explication. Ce qu'on a désigné du nom de mécanisme, c'était la croyance à la possibilité d'expliquer les phénomènes physiques au moyen de la mécanique. C'était une idée naturelle. Expliquer un phénomène, c'est montrer qu'il résulte d'une combinaison, d'une complication de phénomènes plus simples, et l'on avait l'impression que c'étaient les phénomènes mécaniques qui étaient les plus simples. Ces phénomènes de mouvement, d'inertie, sont des phénomènes très anciennement connus, que nous avons pour ainsi dire dans la peau. L'ouvrier le moins instruit a la notion de l'inertie. Il sait très bien que pour arrêter un volant qui est en marche il faut faire un effort, que ce volant résiste aux changements de vitesse. Il a le sens de l'inertie. Nous avons en quelque sorte l'intuition de la mécanique, ce qui nous fait considérer les phénomènes mécaniques comme simples, et, ces phénomènes étant simples, c'est à partir d'eux que nous devons essayer d'expliquer les autres, ceux qui en principe nous apparaissent compliqués. Cette tendance a été jusqu'à un certain point justifiée par les premiers succès du mécanisme. Vous savez par exemple qu'on peut se représenter la chaleur (les anciens l'avaient déjà dit, Descartes l'a dit de façon plus précise et ce que nous appelons la théorie cinétique l'a pour ainsi dire démontré) comme résultant de l'agitation plus ou moins violente des particules, des molécules dont les corps sont constitués. La théorie cinétique des gaz n'est pas autre chose que l'explication des propriétés des gaz par l'application de la mécanique ordinaire aux particules dont ces gaz sont composés. Dans ce domaine de la théorie cinétique, le succès du mécanisme a été considérable. Il a été peut-être plus considérable encore dans la mécanique céleste. Vous savez comment Newton a introduit la loi de gravitation, en vertu de laquelle les corps présents dans notre espace euclidien, invariable, intangible, exercent des actions les uns sur les autres, c'est-à-dire que la présence de l'un modifie le mouvement de l'autre. L'idée de Newton était que ces actions se transmettent instantanément à distance, idée qui n'a pas été accueillie très volontiers par ses contemporains, mais que ses successeurs, devant l'extraordinaire succès de la théorie newtonienne, ont considérée comme naturelle. Ils étaient, si j'ose dire, contaminés par l'habitude ; ils ont pris l'habitude de penser avec Newton que des corps, comme le Soleil et La Terre, pouvaient instantanément agir l'un sur l'autre à distance, conception qui, comme je le disais tout à l'heure, était tout à fait adéquate à celle du temps absolu. Huyghens avait grogné, et nous verrons que Faraday a grogné de nouveau, et beaucoup plus fort I C'est lui que nous retrouvons maintenant à travers Maxwell, Lorentz et Einstein. Newton, en introduisant cette action instantanée à distance dans la gravitation a pu constituer — et ses continuateurs, Leverrier, etc…, l'ont développé — la mécanique céleste. Je n'ai pas besoin de vous raconter tout cela. Ainsi, c'est le succès de la théorie cinétique et de la mécanique céleste qui ont donné confiance. On a marché dès lors dans cette voie-là. Toute l'histoire de la physique, à la fin du XVIIIe siècle et pendant une grande partie du XIXe siècle, a consisté simplement à développer les autres parties de la physique sur le modèle de la théorie newtonienne de la gravitation, sur le modèle de la mécanique céleste. Quand Coulomb a dit que des corps électrisés agissent l'un sur l'autre à distance en raison inverse du carre de leur distance, il imaginait aussi une loi d'attraction instantanée du type newtonien, et toute l'électrostatique a été construite là-dessus. Quand on a étudié l'action des aimants, quand Laplace a donné la loi d'action d'un courant sur les aimants, c'était aussi une loi d'attraction instantanée. Quand Ampère a constitué l'électrodynamique, il en était encore de même. Il était naturel, en effet, d'essayer de développer les autres parties de la physique sur le modèle de ce qui avait réussi en théorie cinétique ou en mécanique céleste, et au début cela a réussi. Puis, cela n'a plus marché. Cela n'a plus marché tout d'abord en optique. Vous

L'Aspect général de la théorie de la relativité

savez, en effet, que Huyghens, qui avait grogné contre l'idée d'action instantanée à distance, a montré le premier que l'optique peut s'expliquer autrement que par la théorie de l'émission de Newton. Newton voyait simplement dans la lumière une émission de particules se propageant, se déplaçant avec une vitesse très grande : Huyghens y voyait une propagation d'ondes s'effectuant avec une vitesse finie par l'intermédiaire d'un milieu. Huyghens avait ainsi commencé à introduire l'idée d'un milieu, l'éther, propageant les ondes lumineuses. Fresnel a montré que cola rendait compte d'un grand nombre de phénomènes ; et cependant, malgré des efforts considérables, de Fresnel lui-même et de ses continuateurs qui se sont épuisés à essayer de préciser les propriétés de l'éther, on n'est jamais arrivé à définir les propriétés élastiques de l'éther sur un modèle analogue aux propriétés élastiques d'un morceau de fer, d'un corps matériel. Dans ce domaine, on doit dire que Fresnel a échoué, comme ont complètement échoué aussi ses continuateurs dont les plus illustres sont Stokes et Lord Kelvin. Il y a eu des tentatives extrêmement intéressantes, notamment l'éther gyroscopique de Kelvin. Larmor, qui est également à l'origine d'un autre mouvement, a été le dernier des grands sacrifiés à la tentative d'expliquer les propriétés de l'éther par la mécanique newtonienne au moyen de l'élasticité.

Cela n'a pas marché non plus en électricité, en magnétisme. Les lois de Coulomb, de Laplace, d'Ampère, dont je vous parlais tout à l'heure, ont pu représenter les propriétés de ce qu'on appelle les courants fermés ou courants quasi-stationnaires, qui varient lentement et se ferment sur eux-mêmes ; mais les propriétés de ce qu'on appelle courants ouverts, des phénomènes de décharge de condensateurs ou de corps électrisés tels qu'on les utilise couramment en T. S. F., ne se sont pas laissés expliquer de cette manière. Nous n'avons pu à grand-peine en avoir une représentation précise qu'en suivant une voie tout à fait différente de la voie mécanique, celle qui fut ouverte par Faraday. Faraday, qui était ouvrier relieur, n'avait pas reçu d'instruction mathématique, et n'avait pas absorbé le virus newtonien, si j'ose dire, dans son éducation. Il avait une répugnance infinie à admettre l'idée que les actions électriques, par exemple, puissent, comme on le croyait pour les actions de gravitation, s'exercer instantanément à distance ; et dans son bon sens de praticien, et surtout d'expérimentateur admirable — c'est peut-être le plus grand expérimentateur qui ait jamais existé — il a construit une représentation, un peu fruste d'abord, des phénomènes électriques. Cette représentation, qui n'avait rien de commun avec la mécanique, était basée surtout sur l'idée que les actions électriques ne se transmettaient pas du tout instantanément, mais ne pouvaient se transmettre que de proche en proche à travers un milieu. Ainsi, à la base des idées de Faraday se trouve cette notion de la transmission de proche en proche ; tandis qu'à la base d'une mécanique du type newtonien il y a l'idée de la propagation instantanée à distance, solidaire comme nous l'avons vu de celle du temps absolu. Puis, sur les idées de Faraday, Maxwell a mis des mathématiques. Avec une intuition géniale, guidé par cette conception de Faraday, il a introduit dans ce que nous appelons les équations de l'électromagnétisme un terme. le terme de courants de déplacement, qui n'a rien de commun avec le mécanisme, qui est tout à fait inadéquat à la mécanique, et qui, une fois introduit, a donné une interprétation quantitative précise de tous les phénomènes électromagnétiques. Rien qu'en lisant les conséquences de ces équations de Maxwell, on prévoyait qu'autour d'un système électrisé qu'on décharge doit se propager une onde avec une même vitesse dans toutes les directions dans le vide. On prévoyait aussi que cette vitesse serait celle de la lumière. Hertz a eu la gloire de vérifier l'exactitude de cette prévision. Il était naturel de supposer que la lumière, puisqu'elle se propage avec la même vitesse, et qu'elle présente les mêmes caractères que les phénomènes électromagnétiques, n'est, elle-même, qu'un phénomène électromagnétique. De sorte que ce domaine de l'optique, sur lequel les mécaniciens s'étaient cassé les dents — il y en a eu beaucoup de cassées et des meilleures ! — ce domaine de l'optique qui avait entièrement résisté à la mécanique a immédiatement cédé à l'électromagnétisme. Il a suffi de lire en langage d'optique les équations de Maxwell pour y trouver exactement l'explication de tous les phénomènes optiques. Cela n'a souffert aucune difficulté. Ainsi, alors que cette tendance à l'unité, cette tendance à l'explication de la physique par la mécanique avait échoué, on peut le dire, avec des efforts considérables perdus, voilà au contraire un autre domaine entièrement indépendant, celui de l'électromagnétisme, avec Faraday à l'origine, qui développé par Maxwell, vient tout de suite absorber l'optique. La conquête ne s'est pas arrêtée là, et tout ce qui se passe actuellement n'est que la continuation des conquêtes de l'électromagnétisme.

Il est assez curieux que cette évolution soit exactement contraire à ce qu'on imaginait. Les phénomènes mécaniques, considérés comme simples parce qu'ils étaient familiers, devaient servir à expliquer les autres. Voilà, au contraire que ce sont les phénomènes électriques aussi peu familiers que possible, puisque ce sont les derniers que nous avons découverts (nous n'avons pas de sens qui nous permette de percevoir l'électricité, et le magnétisme encore moins), ce sont ces phénomènes mystérieux encore, perçus seulement par l'intermédiaire d'instruments plus ou moins compliqués, qui se présentent comme ayant un pouvoir d'explication absolument extraordinaire. Il y a quelque chose d'extrêmement instructif dans l'histoire de la physique. Ce n'est d'ailleurs pas un fait isolé. Si l'on y regarde de près, on voit que dans toutes les branches de la physique, il en est de même. On voit que ce ne sont pas du tout les phénomènes les plus anciennement connus et les plus familiers qui sont les plus simples, au point de vue d'une construction théorique explicative. Je vous en rappellerai rapidement des exemples. Pour ne prendre que l'optique, vous savez qu'au début, dans tous les traités d'optique, on nous parle de la propagation rectiligne de la lumière. C'est le phénomène optique par excellence, le plus vieux phénomène optique. La théorie de l'émission de Newton était précisément établie en prenant ce phénomène comme fondamental. Un rayon lumineux, c'était un projectile qui se déplace. Tandis qu'avec la théorie de Fresnel, qui reste encore dans son aspect cinématique à la base de notre interprétation de l'optique. la propagation rectiligne est la chose la plus difficile à obtenir ; c'est par l'intermédiaire de la diffraction, de phénomènes compliqués, que nous expliquons la propagation rectiligne. De même, en électrostatique, le vieux phénomène, c'est le phénomène de Thalès de Milet : c'est l'attraction des corps légers par de l'ambre frotté qu'on approche. Actuellement, dans l'électrostatique telle qu'elle est construite et telle qu'elle représente admirablement les phénomènes, ce phénomène est celui que nous appelons l'attraction des diélectriques polarisés par les corps électrisés. C'est le dernier des phénomènes, celui que nous expliquons en dernier lieu, et qui est

Paul Langevin

le plus complexe de tous. De même encore, lorsque nous prenons l'électromagnétisme, l'étude des aimants et des courants, le vieux phénomène est le phénomène des aimants, connu dès l'antiquité. Aujourd'hui encore on est tenté de s'en servir pour expliquer les autres, pour introduire dans les autres les notions fondamentales de champ et de moment magnétiques. En fait, nous sommes arrivés à cette constatation que le phénomène des aimants est un phénomène compliqué, et que le phénomène simple, c'est le phénomène du courant de déplacement introduit par Maxwell par une voie détournée. À partir des lois du courant de déplacement, on prévoit l'existence du courant de convection, c'est-à-dire la production d'actions magnétiques par des particules électrisées en mouvement. Le courant ordinaire ou courant de conduction est considéré lui-même comme constitué par l'ensemble d'un nombre énorme de courants de convection particulaires. L'aimant est un système plus complexe encore dans lequel il y a dans chaque atome ou molécule des particules électrisées qui tournent, des courants de convection suivant des orbites fermées intramoléculaires. Ce phénomène de l'aimant est ainsi le dernier des phénomènes expliqués en électromagnétisme ; c'est le premier connu et le dernier expliqué, quand on veut avoir une explication cohérente. Ce qui se passe dans chaque compartiment de la physique se passe aussi pour la physique entière. Ce ne sont pas les phénomènes les plus familiers, les plus anciens, qui doivent être utilisés pour expliquer les autres, mais ce sont au contraire les derniers venus, les phénomènes électromagnétiques, les plus difficiles à atteindre, qui sont en réalité les plus simples et qui doivent nous servir à expliquer les autres.

Voilà où nous en étions avant la période de la relativité, Nous avions, d'une part une théorie mécanique qui interprétait des phénomènes mécaniques et qui avait échoué à expliquer les autres ; nous avions, d'autre part, une théorie électromagnétique dont le développement avait permis d'expliquer entièrement l'optique. On n'avait tout de mime pas perdu l'espoir de raccorder l'électromagnétisme avec la mécanique, et le conflit restait en quelque sorte sous-jacent. On c'était pas très sûr que les deux théories, l'une, la mécanique, basée sur l'idée de la propagation instantanée, l'autre, l'électromagnétisme, basé depuis Faraday sur l'idée de la propagation de proche en proche, n'arriveraient pas à se concilier. Il a fallu l'introduction du principe de relativité pour montrer, d'une part que les deux conceptions étaient incompatibles, et d'autre part que c'était la seconde qui permettait vraiment d'obtenir l'explication des phénomènes de la physique. Cela a été la première période, celle que nous appelons la relativité restreinte. Le conflit est devenu aigu lorsqu'on a eu une expérience cruciale pour confronter les deux points de vue. Tant qu'on était dans des phénomènes assez compliqués, on pouvait toujours un peu tergiverser et espérer. Au contraire, le phénomène crucial est apparu lorsqu'on a étudié ce qu'on a appelé l'électrodynamique ou l'optique des corps en mouvement quand on s'est préoccupé de l'influence qu'exerçait le mouvement des corps sur les phénomènes électriques ou optiques qui s'y passent. Je vous énonce tout de suite le résultat contenu dans ce qu'on appelle le principe de relativité restreinte et qui est le suivant : lorsqu'un système matériel est en état de translation rectiligne et uniforme, le mouvement d'ensemble de ce système n'influe pas sur les phénomènes qui peuvent se passer à son intérieur, quels que soient ces phénomènes. Prenons deux systèmes matériels ayant des mouvements de translation uniforme différents. Le meilleur exemple qu'on en puisse prendre, c'est la Terre à six mois d'intervalle. Si nous prenons la Terre sur son orbite à six mois d'intervalle, elle est dans deux positions diamétralement opposées. Le mouvement relatif du globe terrestre dans ces deux positions est connu : il est de 60 kilomètres par seconde. Eh bien, on a pu naturellement reproduire les mêmes expériences dans les mêmes conditions sur ces deux systèmes matériels constitués par la Terre dans ces deux positions se déplaçant l'une par rapport à l'autre à la vitesse de 60 kilomètres par seconde, et l'on a constaté qu'il n'y a aucune différence dans les deux cas. Jamais un physicien travaillant dans son laboratoire n'a besoin de se demander, pour prévoir ce qui va se passer, pour l'expliquer, à quel moment de l'année il est, quel est le mouvement d'ensemble de la Terre par rapport au Soleil, ou à une position de la Terre à un autre moment, ou encore par rapport à tels ou tels axes plus ou moins absolus qu'on voudra imaginer. L'expérience la plus constante des physiciens montre que le mouvement de translation uniforme d'ensemble d'un système matériel n'a aucune influence sur les phénomènes observés à l'in-

Paul Langevin

térieur de ce système. En ce qui concerne les phénomènes mécaniques, vous savez que ceci s'interprète très bien au point de vue de la mécanique ancienne. Le fait que la façon dont un corps se comporte sous l'action d'une force est la même, que ce corps soit dans un wagon se déplaçant par rapport au sol, ou immobile par rapport à celui-ci, c'est-à-dire cette relativité, cette indépendance des lois du mouvement des corps et d'une translation d'ensemble s'interprète naturellement au point de vue mécanique. Mais les expériences mécaniques sont assez grossières ; elles ne sont pas comparables à beaucoup près aux expériences d'optique. On a repris les expériences d'optique les plus délicates, en faisant exprès d'opérer sur la Terre à différentes époques, avec différentes orientations du système optique, et l'on a constaté qu'il n'y avait aucune espèce d'effet dû au changement dans le mouvement d'ensemble. Le phénomène le plus intéressant à ce point de vue est le phénomène de la propagation uniforme de la lumière dans le vide ou dans l'air autour d'une source. La théorie électromagnétique nous donne comme conséquence nécessaire que la perturbation électrique en lumineuse autour d'une source se propage avec une même vitesse dans toutes les directions. Cette conséquence de la théorie électromagnétique, nous pouvons la vérifier avec une extrême précision. La fameuse expérience de Michelson n'a précisément pas d'autre but que de vérifier que la lumière se propage avec la même vitesse dans toutes les directions. Il est plus commode de comparer des directions horizontales que des directions verticales, a cause de la pesanteur. Mais, en se limitant aux directions horizontales, l'expérience de Michelson nous permet de vérifier que dans le laboratoire la propagation de la lumière se fait bien ainsi. On a l'idée en Amérique de faire cette vérification au sommet des montagnes, en supposant que l'expérience puisse être troublée dans un laboratoire trop près de la Terre, par entraînement de l'éther. On a répété cette expérience dans des endroits très divers et toujours avec le même résultat.

L'expérience est simple. Elle consiste à prendre un faisceau lumineux horizontal et à le partager en deux faisceaux horizontaux perpendiculaires au moyen d'une lame transparente inclinée à 45° sur sa direction de propagation. La lumière incidente en partie se réfléchit et en partie traverse la lame. Le faisceau réfléchi va sur un miroir qui lui est perpendiculaire, s'y réfléchit à nouveau et revient traverser la lame inclinée à 45° pour tomber dans une lunette. L'autre faisceau, qui avait traversé la lame, se réfléchira sur un autre miroir, reviendra sur la lame, et, se réfléchissant en partie, viendra interférer, se superposer dans la lunette avec le premier faisceau. On règle les miroirs de manière à avoir dans la lunette ce qu'on appelle la frange centrale d'interférence sur la croisée des fils du réticule, ce qui nous assure que les deux faisceaux ont mis le même temps pour effectuer leur parcours. Nous avons ainsi un moyen très précis, en faisant interférer les deux faisceaux, de nous rendre compte si la durée de propagation aller et retour dans les deux directions est ou non la même. Réglons la position des miroirs pour qu'elle le soit. Si la vitesse n'était pas la même dans les deux directions, il est évident que les distances auxquelles les miroirs se trouvent de la lame à 45° devraient être différentes. Si la lumière allait plus vite dans une direction que dans l'autre, un des miroirs devrait être plus éloigné de la lame que l'autre. je suppose que nous ayons ainsi réalisé l'égalité des temps. Puis nous faisons tourner de 90° tout le système en substituant la distance la plus longue à la plus courte et réciproquement, c'est maintenant la distance la plus longue qui va être dans la direction où la vitesse est la plus petite, tandis que c'est la distance la plus courte qui va être dans la direction où la vitesse est la plus grande. Par conséquent, l'égalité des temps employés par la lumière pour parcourir ces deux distances doit disparaître si les vitesses ne sont pas les mêmes dans ces directions. Or, on peut, en faisant tourner progressivement le système, constater qu'il n'y a aucun changement, que toutes les directions se valent, et que la vitesse de propagation est exactement la même dans toutes les directions. Nous vérifions par là une conséquence de la théorie électromagnétique. J'insiste sur ce point que ce phénomène de propagation isotrope de la lumière est conforme aux théories électromagnétiques de Maxwell et Lorentz telles qu'elles se sont imposées par tout l'ensemble des expériences électromagnétiques. L'expérience de Michelson n'est pas une expérience isolée sur laquelle on a ensuite bâti tout un système un peu en l'air ; elle n'est pour ainsi dire qu'une vérification extrêmement précise des conséquences d'une théorie, la théorie électromagnétique, basée, comme je l'ai dit, sur tout l'ensemble des phénomènes

Paul Langevin

électromagnétiques. C'est donc une base solide.

Si on reprend cette expérience de Michelson à toutes les époques de l'année, on constate qu'elle donne toujours les mêmes résultats, aussi bien maintenant que dans six mois, alors qu'à ce moment la vitesse de la terre par rapport a notre position actuelle sera de 60 kilomètres par seconde : la lumière se propage toujours avec la même vitesse dans toutes les directions. Si l'on envisage cela au point de vue de l'ancienne cinématique, c'est absurde, parce que cela nous conduit à dire que si nous prenons une onde lumineuse qui va se propager avec une vitesse indépendante de la direction, elle sera toujours de 300.000 kilomètres par seconde, qu'elle soit observée par un observateur lié à la Terre, ou qu'elle le soit par un observateur ayant par rapport à nous une vitesse de 60 kilomètres par seconde dans la direction de propagation de l'onde. Dans l'ancienne cinématique, elle devrait avoir une vitesse de 300.000 plus ou moins 60 kilomètres par seconde, suivant le sens. Eh bien, c'est déconcertant. Cela a beaucoup troublé les physiciens, et l'on a essayé d'y remédier en introduisant ce qu'on a appelé la contraction de Lorentz en admettant que les dimensions d'un système matériel en mouvement comme celui de Michelson avaient cette propriété curieuse de changer de longueur quand on changeait leur direction. C'est une interprétation qui semblait a priori assez compliquée, jusqu'à ce que Lorentz ait montré qu'elle s'accordait en somme assez bien avec la structure même de la théorie électromagnétique. Mais cette contraction de Lorentz ne suffisait pas à expliquer complètement pour tous les phénomènes électromagnétiques et optiques, l'absence d'influence d'un mouvement de translation d'ensemble. Si on conserve la notion du temps absolu, si on suppose que l'intervalle de temps entre deux événements est mesuré de la même manière par des observateurs en translation uniforme les uns par rapport aux autres, il est impossible de mettre la théorie d'accord avec le fait expérimental traduit par le principe de relativité et de faite en sorte que les lois de l'électromagnétisme exprimées par les équations de Maxwell-Lorentz, se présentent sous la même forme pour des observations en translation uniforme les uns par rapport aux autres.

A l'origine du développement de la théorie de relativité, en 1905, Einstein a apporté une autre explication assez audacieuse qui consiste à dire ceci : si le fait expérimental donné par l'expérience de Michelson est en somme d'accord avec la théorie électromagnétique, et cependant n'est pas en accord avec l'ancienne cinématique, avec notre ancienne conception de l'espace et du temps et de la composition des vitesses qui s'en déduit, c'est peut-être bien l'ancienne cinématique qui a tort. Pour arranger les choses, au lieu de construire la cinématique à partir du temps absolu, peut-être pouvons-nous reconstruire la notion du temps en lui donnant une base expérimentale, c'est-à-dire en supposant que chacun des observateurs qui sont liés à la Terre, soit maintenant, soit plus tard, définissent le temps, établissent la concordance des temps comme je l'ai dit tout à l'heure, par des échanges de signaux lumineux. On admet ainsi l'égale vitesse de la lumière dans toutes les directions à la fois pour tous les observateurs en translation uniforme les uns par rapport aux autres. Alors, la difficulté que soulève l'expérience de Michelson s'interprète d'elle-même, mais il résulte de cette définition même du temps à partir de la propagation isotrope de la lumière que le temps des deux systèmes n'est pas le même, qu'ils ne mesurent pas de la même manière l'intervalle de temps entre deux événements. Il n'y a plus de simultanéité absolue. Nous avons affaire à une nouvelle cinématique. C'est une voie qui peut paraître un peu détournée. Nous avons dû passer par l'expérience de Michelson qui est venue confirmer une prévision de la théorie électromagnétique. Nous avons constaté que cette expérience donnait le même résultat sur tous les systèmes en translation les uns par rapport aux autres. Nous avons constaté qu'elle n'est pas compatible avec l'ancienne cinématique, et nous avons construit une cinématique nouvelle simplement en donnant à la notion de temps une base expérimentale par les signaux lumineux, au lieu de l'ancienne base a priori. On aurait pu se passer au fond de cette complication, en constatant, comme l'avait fait Lorentz, sans bien se rendre compte de la signification profonde de sa découverte que la nouvelle cinématique du temps relatif est la seule qui permette aux équations de la théorie électromagnétique de conserver leur forme, quand on passe d'un système d'observateurs à un autre, à condition d'établir des relations convenables entre les mesures faites par les uns et les autres, mesures électriques, mesures d'espace, mesures de temps. Ce résultat, à savoir que la forme des

Paul Langevin

équations électromagnétiques était la même pour les deux observateurs, grâce à une correspondance convenable entre les mesures, expliquait la relativité des phénomènes optiques, puisque le fait que les lois prennent la même forme veut dire que les phénomènes ont le même aspect, que l'expression des lois de la physique, des phénomènes électriques en particulier, est la même pour les observateurs, quel que soit le mouvement qu'ils ont les uns par rapport aux autres. Les équations de la théorie électromagnétique admettaient comme on dit un groupe de transformation, pouvaient redevenir les mêmes quand on passait de mesures faites par les uns aux mesures faites par les autres, à condition d'une certaine transformation, d'un certain passage, d'une certaine correspondance entre ces mesures. Et, pour ce qui concerne les mesures d'espace et de temps, c'était précisément cette cinématique nouvelle, cette cinématique dans laquelle le temps n'est pas absolu, dans laquelle l'intervalle de temps entre deux événements n'est pas le même pour des observateurs en mouvement les uns par rapport aux autres, c'était cette cinématique qui était nécessaire pour que les équations de Lorentz conservent leur forme quand on passe d'un système d'observateurs à un autre en mouvement de translation uniforme par rapport au premier. Tout le détour fait par l'expérience de Michelson aurait pu être évité si l'on avait eu confiance en ceci que les équations de la théorie électromagnétique représentent toutes expériences électromagnétiques et que la propriété de ces équations de conserver leur forme pour certaines transformations représente le fait expérimental de la relativité. On aurait vu que ces résultats impliquent une certaine cinématique qui n'est pas celle du temps absolu. De leur côté, les équations de la mécanique se conservent aussi, interprètent les phénomènes de relativité pour les phénomènes mécaniques. Mais la transformation qui permet de passer d'un système d'observateurs à un autre, quand on conserve les équations de la mécanique, correspond à l'ancienne cinématique. Alors, cette simple constatation que les deux systèmes d'équations, (les équations de l'électromagnétisme fondées sur l'idée d'une propagation de proche en proche les équations de la mécanique fondées sur l'idée d'une action instantanée à distance) admettent toutes deux une transformation qui les conserve mais pour des cinématiques différentes, suffit à montrer qu'elles sont incompatibles, qu'on aura beau combiner les équations de la mécanique, on ne fera jamais que les relations déduites de cette combinaison conservent leur forme pour les transformations de la cinématique nouvelle. Cette simple constatation aurait permis d'affirmer qu'on ne trouverait jamais le moyen de concilier l'ancienne mécanique et la théorie électromagnétique.

Je me résume. Nous sommes ici en présence de deux théories rivales dont nous sommes certains maintenant qu'elles sont en conflit. Ces deux théories se traduisent d'une part par les lois de la mécanique avec le temps absolu et de l'autre par les lois de l'électromagnétisme avec la conception initiale de Faraday à la base. Ces deux théories sont incompatibles. L'une exige la cinématique du temps absolu, l'autre exige la cinématique qu'on obtient en utilisant les signaux lumineux pour établir la concordance des temps et en admettant la propagation isotrope de la lumière, conformément à l'expérience. Puisqu'elles sont incompatibles, il n'y en a qu'une qui puisse avoir raison. Pour déterminer laquelle, nous voyons d'une part que l'électromagnétisme nous explique des quantités de choses d'une manière infiniment plus précise que la mécanique, et d'autres choses que la mécanique n'explique pas. D'autre part, cet électromagnétisme va-t-il nous expliquer la mécanique ? La mécanique ordinaire n'est-elle qu'une théorie de première approximation, une théorie assez grossière dont l'autre théorie va nous donner une seconde approximation beaucoup plus précise ? C'est effectivement ce qui s'est passé. Tout d'abord, la théorie électromagnétique compatible avec la nouvelle cinématique a expliqué toute l'optique, et, en particulier, avec une facilité admirable, un phénomène qui paraissait complexe, ce qu'on a appelé le phénomène d'entrainement des ondes. Quand de la lumière se propage dans un corps transparent en mouvement, la vitesse de la lumière dans ce corps n'est pas du tout ce qu'on obtiendrait en composant d'après l'ancienne cinématique la vitesse des ondes par rapport au corps, et la vitesse de ce corps par rapport aux observateurs. Il n'y a pas entraînement total des ondes, mais seulement entraînement partiel. Cet entraînement partiel avait été prévu par Fresnel et vérifié par Fizeau, mais sans correspondre à rien de théorique. Au contraire, Einstein a montré qu'il suffit d'appliquer la loi de composition des vitesses qui correspond à la nouvelle cinématique pour prévoir im-

Paul Langevin

médiatement le phénomène d'entraînement des ondes. Cela vous donne une idée de la puissance d'explication de ces nouvelles théories, puisque ce qui était un phénomène extraordinairement compliqué et difficile à comprendre devient simplement de la cinématique. il n'y a qu'à composer au nouveau sens cinématique la vitesse de la lumière par rapport au corps transparent avec la vitesse de ce corps par rapport aux observateurs pour avoir la vitesse des ondes par rapport à ceux-ci.

Il y a plus. Sur cette cinématique nouvelle se fonde une dynamique nouvelle. Je vous indiquerai simplement ici qu'il est possible de fonder la dynamique, d'établir les lois de la mécanique sans postuler la masse absolue. C'est un fait tout à fait intéressant. Je vous ai dit tout à l'heure que, dans l'édification de la science ancienne, nous avions d'une part le temps absolu avec ses auxiliaires, le solide invariable et le fil inextensible, et la propagation instantanée, et d'autre part, introduite par Newton, la masse absolue qui se présentait comme un absolu indépendant. Or, si l'on place la dynamique sur une base physique, on s'aperçoit que la notion de masse absolue est connexe de la notion de temps absolu, que c'est le vieux temps absolu qui est responsable de tout ; il est adéquat à la propagation instantanée et il exige une masse absolue. On peut fonder toute la dynamique en prenant comme bases expérimentales d'une part le principe de conservation de l'énergie que personne ne met en doute (vous en avez entendu parler ; les phénomènes que nous observons ne sont que des transformations d'énergie s'accompagnant d'échanges d'énergie entre les corps sans échange de matière au sens ordinaire du mot) ; et, d'autre part, le principe de relativité pris dans son sens expérimental, le fait, que personne non plus ne conteste, que le mouvement de translation d'ensemble d'un système matériel ne modifie pas les phénomènes qu'on y observe. Si, à ces deux principes, qui sont vraiment les piliers, la quintessence d'expérience sur lesquelles la physique est construite, nous associons la cinématique ancienne, celle du temps absolu, nous obtenons la mécanique rationnelle ancienne. On en déduit que l'énergie cinétique est proportionnelle au carré de la vitesse, que la quantité de mouvement se conserve sous la forme habituelle, que la masse se conserve, qu'elle doit avoir le caractère de masse absolue pour être adéquate à l'ancienne cinématique. Si l'on remplace au contraire l'ancienne cinématique du temps absolu par la nouvelle cinématique — en changeant seulement la superstructure — et en conservant comme bases fondamentales les deux principes de conservation de l'énergie et de relativité, nous obtenons une autre dynamique dans laquelle la masse n'est plus invariable. En particulier, la masse change avec la vitesse ; à mesure qu'un corps va plus vite, son inertie augmente ; il se laisse moins facilement déplacer à mesure qu'il va plus vite ; la même action électrique par exemple d'un corps voisin lui donnera une accélération moindre s'il va vite que s'il va lentement. Ainsi, la masse devient variable en suivant une loi connue, une loi qu'on peut écrire. Nous arrivons à une masse variable avec la vitesse, ce qui est tout à fait étranger à l'ancienne mécanique, et l'on a pu vérifier directement cette variation de la masse avec la vitesse. Naturellement, on l'aurait déjà constatée antérieurement si cette variation était importante, si elle était sensible aux vitesses ordinaires, même aux vitesses d'artillerie. En fait, la théorie montre qu'elle ne devient sensible qu'aux vitesses qui ont une valeur notable par rapport à la vitesse de la lumière, à partir de 20.000 kilomètres par seconde à peu près. Les expériences faites sur les projectiles ayant cette vitesse l'ont montré, et nous connaissons de tels projectiles. Les rayons cathodiques, les particules négatives qui sont lancées dans un tube produisant des rayons Röntgen, par exemple, vont à des vitesses qui peuvent atteindre jusqu'à 150.000 kilomètres par seconde, la moitié de la vitesse de la lumière ; et parmi les rayons du radium, les rayons vont plus loin encore, jusqu'à 298.000 kilomètres par seconde. À ces vitesses, la théorie prévoit que la masse va devenir 10 fois plus grande que la masse ordinaire — et l'expérience le vérifie — et l'on trouve bien, par des procédés que je n'ai pas à vous décrire, en étudiant la manière dont ces projectiles sont déviés par des actions électriques ou magnétiques, une masse dix fois plus grande que la masse ordinaire. C'est pour l'ancienne mécanique quelque chose d'étrange et d'incompatible avec ses lois. Voilà donc une vérification très importante. Une autre vérification non moins impressionnante vient de ce que nous savons maintenant, grâce à ce qu'on appelle la théorie de Bohr, prévoir les spectres lumineux émis par les atomes. Des particules cathodiques analogues à celles que nous observons dans les tubes de Crookes, ou dans les rayons beta du

Paul Langevin

radium, sont présentes dans les atomes dont elles constituent tout le système planétaire en quelque sorte. Quand on leur applique les lois de la mécanique ancienne, les principes de la théorie de Bohr permettent de prévoir exactement le spectre de l'hydrogène, par exemple, avec les positions de ses raies. Seulement, ces lois mécaniques ne donnent exactement que des raies pures, une fréquence bien définie pour chacune des raies, alors que l'expérience montre que ces raies de l'hydrogène ont une structure, c'est-à-dire qu'elles ne sont pas simples en y regardant de près, on voit qu'elles ont des composantes très rapprochées les unes des autres. M. Sommerfeld s'est dit que, si la mécanique ancienne était impuissante à nous faire prévoir la structure des raies de l'hydrogène, les particules vont peut-être bien assez vite pour qu'il faille leur appliquer la nouvelle dynamique. Il l'a appliquée, et il a trouvé exactement la structure expérimentale des raies de l'hydrogène. Ainsi, toutes les fois que les corps vont vite, ce n'est plus l'ancienne mécanique qu'il faut appliquer. Donnant des résultats suffisamment approchés aux faibles vitesses, elle ne donne plus rien d'exact quand on arrive à des vitesses de 20.000, de 150.000 ou de 298.000 kilomètres par seconde. Au contraire, la nouvelle mécanique s'applique, et admirablement : elle est ainsi imposée par l'expérience et par conséquent aussi la nouvelle cinématique sur laquelle elle est fondée.

Il y a d'autres confirmations encore plus impressionnantes. On aurait pu craindre que cette nouvelle mécanique ne fût plus compliquée que l'ancienne. Au contraire, elle est plus simple. Dans l'ancienne mécanique, à côté de la notion du temps absolu, nous avions la conservation de la masse, la conservation de la quantité de mouvement, et la conservation de l'énergie. La nouvelle dynamique nous dit au contraire : que la notion de masse se confond avec celle d'énergie et qu'un corps est inerte en proportion de l'énergie interne qu'il contient. Quand on augmente cette énergie, soit en chauffant ce corps, soit en lui communiquant de la vitesse, l'inertie augmente ; l'inertie est proportionnelle à l'énergie interne. Il n'y a plus de conservation de la masse indépendante de la conservation de l'énergie. Il y a un seul principe, le principe de la conservation de l'énergie. Quant au principe de la conservation de la quantité de mouvement qui, dans la mécanique ancienne, est parallèle au principe de la conservation de l'énergie il devient dans la nouvelle dynamique un des aspects du même principe. L'énergie et la quantité de mouvement ne sont que les composantes d'une même quantité qui est un vecteur à quatre dimensions, l'impulsion d'Univers, et qui se conserve dans tout système matériel isolé. De sorte que dans la nouvelle mécanique, au lieu d'avoir plusieurs principes de conservation, nous n'avons plus qu'un seul principe de conservation, que nous appelons le principe de la conservation de l'impulsion d'univers, qui comprend les deux notions de la conservation de l'énergie, ou de la masse (ce qui est la même chose), et de la conservation de la quantité de mouvement, sous une nouvelle forme. Cette conception a reçu une confirmation expérimentale. Elle permet d'expliquer ces petits écarts qui existent entre les masses atomiques et les multiples entiers de la masse de l'hydrogène, qui ont tant embarrassé les chimistes, et rendu impossible pendant longtemps le développement de la théorie de l'unité de la matière. Nous comprenons aujourd'hui la raison de ces écarts. L'hélium, par exemple, a pour masse atomique 4, alors que l'hydrogène a pour masse atomique 1,008. Nous pouvons cependant affirmer que l'atome d'hélium est certainement le résultat de la condensation de quatre atomes d'hydrogène. Pourquoi n'a-t-il pas une masse atomique qui soit le produit de 1,008 par 4, c'est-à-dire 4,032 ? C'est parce que l'hydrogène s'étant condensé pour former l'hélium, il y a eu perte d'énergie. La matière est restée la même au point de vue des corpuscules positifs et négatifs qui constituent les atomes, mais l'énergie interne ayant diminué, la masse a diminué, et la diminution nous permet de mesurer la quantité de chaleur qui a dû être dégagée. C'est là que M. Perrin voit l'origine de la chaleur solaire ; ceci nous permet de donner satisfaction aux géologues qui demandent un milliard d'années ou deux pour la formation de la Terre. Les Anciens nous expliquaient la chaleur solaire par la chute de météores, ce qui ne nous donnait que quelques misérables centaines de milliers d'années ; tandis que si l'on admet que le Soleil est formé d'hydrogène et que cet hydrogène se condense pour former l'hélium, on peut admettre une période d'activité solaire de 80 milliards d'années. C'est déjà quelque chose ! C'est une grosse satisfaction donnée aux géologues.

Bien entendu, je n'ai pas le temps de suivre tous les détails de cette admirable synthèse. Mais ceci vous montre quels avantages

Paul Langevin

on obtient lorsqu'au lieu d'introduire la complication des postulats et des notions a priori, on reste fidèle à l'expérience, lorsqu'au lieu d'introduire des souverains absolus comme le vieux père Saturne dont je vous parlais au début, on cherche à donner aux notions fondamentales de la physique un caractère véritablement expérimental, lorsqu'on reprend contact avec la réalité. Comme le vieil Antée, lorsqu'il avait touché la Terre, on y puise de nouvelles forces pour expliquer et prévoir les phénomènes. La théorie nouvelle permet de comprendre dans une seule synthèse un ensemble énorme de faits, puisque nous y faisons entrer maintenant non seulement l'électromagnétisme qui a conquis l'optique, mais toute la mécanique, toute la théorie cinétique, l'hydrodynamique, la thermodynamique et l'élasticité. Au fond, toute la physique est unifiée et simplifiée. On a pu non seulement expliquer tout ce qu'on connaissait, mais encore prévoir des choses nouvelles.

Je n'ai pas le temps d'insister sur les aspects singuliers de la nouvelle notion du temps, le fait que la simultanéité a un sens relatif, que deux événements qui sont simultanés pour des observateurs ne le sont pas pour d'autres qui se déplacent par rapport à eux. Cela ne présente aucune difficulté au point de vue expérimental ni au point de vue logique. Les seuls couples d'événements dont on peut intervertir l'ordre de succession par un changement du système de référence, sont composés d'événements tels qu'ils ne peuvent pas agir l'un sur l'autre parce qu'ils sont trop éloignés dans l'espace. Dans ces conditions, lorsqu'il n'y a pas d'action causale possible de l'un sur l'autre, il n'y a aucun inconvénient à ce qu'on les considère comme se succédant indifféremment dans un sens ou dans l'autre. Au contraire, tous les couples d'événements qui sont assez rapprochés dans l'espace pour qu'un signal lumineux parti du premier puisse arriver avant le second à la portion de matière dans laquelle celui-ci se produit, auront un ordre de succession invariable. Il n'y a là aucune difficulté. Il y a aussi le fait qu'on pourrait s'empêcher de vieillir en allant se promener. Je n'ai pas le temps de vous en parler. Cela ne présente aucune contradiction avec aucun fait expérimental. Cela nous donne simplement un aspect du monde qui est plus séduisant que l'ancien parce qu'il semble nous laisser des possibilités inespérées. Tout de même, en y regardant de près, on voit qu'il y a de gros ses difficultés à mettre en pratique cette possibilité.

Voilà la première étape. Il nous reste la seconde, qui n'est pas la moins difficile à comprendre, et pour l'exposition de laquelle je vous demande un peu d'indulgence. Je vais essayer de franchir maintenant avec vous le dernier stade des découvertes de M. Einstein, l'étape qui constitue la partie la plus extraordinaire et la plus géniale de sa théorie. Jusqu'ici nous avons bien introduit le temps relatif, mais nous avons respecté l'espace euclidien. Cette dernière étape a exigé un véritable rétablissement qui a remis en question des postulats conservés en relativité restreinte. L'univers auquel nous venons d'aboutir, l'univers électromagnétique, si je puis dire, est euclidien, c'est-à-dire que l'espace reste l'espace décrit par la géométrie euclidienne ; bien que le temps ait changé de caractère, l'espace a conservé son caractère euclidien. Cet univers euclidien de la relativité restreinte est caractérisé par le fait que la lumière s'y propage en ligne droite avec la même vitesse dans toutes les directions, qu'un mobile abandonné à lui-même s'y meut d'un mouvement rectiligne et uniforme. Dans cet univers de la relativité restreinte, nous connaissons les lois de l'électromagnétisme, de l'optique, de la dynamique. Pour obtenir la synthèse correspondante, nous avons sacrifié le postulat du temps absolu puis le postulat de la masse absolue, et celui du mouvement absolu qui était connexe. En procédant ainsi, nous avons gagné énormément ; peut-être qu'en sacrifiant encore quelque chose d'a priori, d'absolu, nous gagnerons encore ? C'est précisément ce qui est arrivé. Dans notre synthèse, que je viens d'esquisser rapidement, il y a deux lacunes : d'abord le fait que l'indépendance du mouvement d'ensemble d'un système et de l'aspect des phénomènes est restreinte au cas des mouvements de translation uniforme ; puis le fait que dans tout ceci il n'est pas question de la gravitation. La gravitation est un phénomène sui generis qu'on a bien essayé d'interpréter d'abord mécaniquement (il y a les vieilles théories de Lesage, les corpuscules ultra-mondains, etc.), puis par l'électromagnétisme. Lorentz, en particulier, a tenté de donner une explication électromagnétique de la gravitation. Cela n'a pas marché. Et cependant l'électromagnétisme avait l'air d'expliquer tout. Nous avons vu qu'il expliquait la mécanique. Il explique les phénomènes de cohésion : on est certain que la cohésion des corpuscules, des particules des corps unies dans les solides est due à des force d'origine électromagnétique. Les phénomènes chimiques aussi résultent d'échanges de particules électrisées entre des atomes pour constituer des molécules. Tout cela c'est de l'électromagnétisme. Il reste donc deux choses en présence, l'électromagnétisme sur lequel est basée la synthèse précédente et la gravitation, qui ne rentre pas dans cette synthèse. Celle-ci limite la relativité aux systèmes aux mouvements en translation uniforme et ne comprend pas la gravitation. Le grand mérite d'Einstein a été précisément de montrer que ces lacunes sont connexes, et qu'en comblant l'une, on comble l'autre. Il est arrivé ainsi à la relativité généralisée, grâce à laquelle on fait rentrer la gravitation dans notre synthèse en même temps qu'on étend le principe de relativité à des observateurs en mouvement quelconque les uns par rapport aux autres. Le succès d'Einstein est venu de ce qu'il a été dès l'abord convaincu qu'on devait pouvoir obtenir une relativité généralisée, c'est à dire qu'on devait pouvoir construire une théorie de la physique telle que les lois de la physique fussent les mêmes non seulement pour des systèmes en translation uniforme les uns par rapport aux autres, mais pour des systèmes quelconques, aussi bien pour des observateurs liés à un corps en rotation que pour des observateurs utilisant, pour fixer la notation des événements, des systèmes de coordonnées, des systèmes de référence, absolument quelconques équivalant pour l'univers aux coordonnées curvilignes que les mathématiciens emploient sur les surfaces et dans l'espace. Cette conviction était basée sur le fait suivant. J'ai distingué tout à l'heure ce que nous avons appelé coïncidences absolues, c'est-à-dire les coïncidences qui ont lieu à la fois dans l'espace et dans le temps et qui ont un sens absolu. Au contraire, les coïncidences dans l'espace à des instants différents comme les coïncidences dans le temps en des lieux différents n'ont qu'un sens relatif. Deux événements se passent au même endroit pour nous, à des instants différents. Pour des gens qui passeront, qui se déplaceront par rapport à nous, les deux événements, par exemple les présences de deux corps, ne se passeront pas au même point. Je reprends mon vieil exemple du wagon qui a un trou et qui se meut sur une voie de chemin de fer. Je laisse tomber successivement deux corps par le trou, Ce sont là deux évènements qui, pour moi, se passent au même point, si

L'Aspect général de la théorie de la relativité

je suis dans le wagon. Mais, pour des gens qui sont sur la voie, ces deux évènements se passent en des points différents puisque dans l'intervalle de temps des deux sorties des corps par le trou du wagon, celui-ci s'est déplacé par rapport à la voie. Pour d'autres observateurs que ceux qui sont dans le wagon, ces événements qui coïncidaient dans l'espace n'y coïncident plus. Ce qu'a introduit la relativité restreinte, c'est que la coïncidence dans le temps, quand il s'agit de lieux différents, n'a non plus, qu'un sens relatif. La relativité restreinte a rétabli l'harmonie, la symétrie entre l'espace et le temps, puisque la coïncidence dans l'espace n'avait qu'un sens relatif tandis que la coïncidence dans le temps avait un sens absolu. En relativité restreinte, ni l'une ni l'autre n'ont de sens absolu, seule la coïncidence à la fois dans l'espace et dans le temps a un sens absolu. C'est la coïncidence absolue. Et cela est vrai non seulement pour des observateurs qui seront en translation les uns par rapport aux autres, mais aussi pour des gens en rotation par exemple. S'ils voient deux objets se cogner, ils ne nieront pas que les présences de ces objets ont coïncidé dans l'espace et dans le temps. Tous les observateurs seront d'accord à ce sujet quels que soient leurs mouvements les uns par rapport aux autres. D'autre part, il est bien certain que toutes nos expériences sont fondées sur l'observation de semblables coïncidences absolues. Quand nous observons le passage d'une étoile dans une lunette, ce que nous observons, c'est la coïncidence absolue de l'image de l'étoile avec la croisée des fils du réticule, ou, pour être plus strict, c'est la coïncidence absolue de l'image de l'étoile et de la croisée des fils du réticule avec un certain élément sensible de notre rétine. Toute observation se ramène à des coïncidences absolues avec nos organes de sensations tactiles, visuelles, etc. Les lois de la physique ne sont que l'affirmation d'enchaînement de semblables coïncidences absolues. J'observerai telle chose, telle coïncidence absolue, si je réalise telles conditions, c'est-à-dire si je réalise des coïncidences absolues successives. Et, puisque ces coïncidences absolues sont admises par tous les observateurs, quels que soient les moyens qu'ils emploient pour repérer les évènements, les lois elles-mêmes doivent avoir une signification indépendante de la manière dont les évènements sont repérés et par conséquent il doit être possible d'énoncer ces lois sous une forme qui n'implique pas le système de référence. De même la géo-

Paul Langevin

métrie nous donne les moyens d'énoncer les propriétés des figures sans parler du système de coordonnées. Il s'agit de faire pour la physique ce que la géométrie a fait pour l'espace, je veux dire la géométrie proprement dite, la géométrie pure par opposition avec la géométrie analytique. Du moment que cela est possible, il faut le réaliser ou plutôt l'imposer comme condition primordiale à remplir par toute théorie physique.

C'est ce qu'a fait Einstein. Cela a été possible parce que les deux lacunes, de la relativité restreinte, d'une part, et de l'absence de gravitation dans notre système, d'autre part, étaient connexes. En effet, qu'est-ce qui caractérise la gravitation, qui lui donne son aspect tellement particulier ? C'est ceci. Si nous abandonnons un corps à lui-même, non plus, comme le principe d'inertie le supposait, loin de toute matière (ce qui est encore plutôt une abstraction ! Il y a là encore pour ainsi dire un absolu à la base ! Définir les lois fondamentales de la mécanique en se mettant en dehors de toute mécanique, en supposant qu'on s'en va à l'infini, ce n'est pas satisfaisant ! Ceux qui ont réfléchi quand on a commencé à leur enseigner la mécanique ont été choqués de ce fait que, pour expliquer au début des choses difficiles, on donne un énoncé qui n'a pas de sens expérimental), mais si nous abandonnons un corps à lui-même en le lançant, au voisinage de la Terre, nous savons très bien qu'il ne va pas se mouvoir d'un mouvement rectiligne et uniforme ; il aura un mouvement parabolique uniforme dans le sens horizontal et uniformément varié dans le sens vertical. Ce qu'il y a de remarquable, c'est que ce mouvement sous l'action de la gravitation va être le même pour tous les corps, pourvu qu'ils aient été lancés de la même manière, et qu'il suffit de connaître un point où le corps passera et avec quelle vitesse il y passera pour savoir quel sera son mouvement ultérieur. Il n'y a pas besoin pour cela de savoir ce qu'il est. Tous les corps se comportent exactement de la même manière dans un champ de pesanteur ou de gravitation. Eh bien, si nous regardons maintenant ce qui se passe quand nous observons les corps à partir d'un autre observatoire que nos observatoires en translation, (si par exemple nous sommes sur un observatoire en rotation — c'est le cas pour la Terre — nous avons pu négliger sa rotation pour les phénomènes électromagnétiques qui y sont très peu sensibles ; mais, pour la mécanique, nous ne le pouvons pas),

L'Aspect général de la théorie de la relativité

38

nous allons observer des effets exactement semblables à ceux que produit un champ de gravitation.

Regardons assis sur une plateforme tournante ce que va devenir un corps lancé. Supposons que son mouvement soit suffisamment rapide pour qu'il ne soit pas sensiblement influencé par la gravitation et que sa trajectoire soit une ligne droite pour des observateurs liés aux étoiles, immobiles, ou en translation uniforme par rapport aux étoiles. Si nous sommes sur une plateforme en rotation, nous le voyons décrire une trajectoire compliquée. Pour nous et pour tout système de référence qui n'est pas en translation rectiligne et uniforme par rapport aux étoiles, le principe de l'inertie n'est pas exact. Un corps abandonné à lui-même ne se meut pas en ligne droite : il suit un mouvement compliqué, qui dépend du système de référence mais qui est indépendant du corps. Cela donne le même aspect que les lois de la gravitation. Sous l'action de la gravitation, le mouvement se produit de la même façon pour tous les corps. Quand je change le système de référence, le mouvement spontané n'est plus rectiligne et uniforme, et s'en écarte de la même manière pour tous les corps. C'est cette parenté de la gravitation et des effets d'un mouvement d'ensemble qui sauta aux yeux d'Einstein plus violemment qu'aux yeux de tout autre physicien avant lui. Il remarqua qu'on peut par un mouvement convenable du système de référence, produire des effets analogues à ceux de la gravitation. C'est là ce qu'il appelle le principe d'équivalence d'un mouvement d'ensemble non uniforme et d'un champ de gravitation. Voyons ce qui se passe dans une cage d'ascenseur en chute libre ou dans le boulet de Jules Verne. Le système du boulet de Jules Verne est un système qui n'est pas en translation rectiligne et uniforme par rapport aux étoiles ; il tombe par rapport à la Terre sous l'action de la pesanteur. Supposons qu'il soit en chute libre après avoir été lancé vers le haut. Sa façon de tomber, c'est de continuer à monter, et ensuite de retomber, ou, s'il a été lancé avec une force suffisante dans l'espace, sa façon de tomber serait de tourner autour de la Terre, comme la Lune. Newton a montré que le mouvement des astres représente leur façon de tomber. Imaginons des corps situés à l'intérieur du boulet de jules Verne. Il n'y a plus de gravitation puisque ces corps, tombant en même temps que lui n'ont aucune accélération par rapport au boulet de Jules Verne. Dès qu'il est

Paul Langevin

libre, qu'il est en train de tomber, il n'y a plus de pesanteur à son intérieur ; les corps laissés au milieu du boulet resteraient au milieu ; lancés à son intérieur ils se mouvraient de façon rectiligne et uniforme par rapport à lui. À son intérieur, l'eau ne prendrait pas de surface libre horizontale, elle se répandrait par capillarité le long des parois. Toute la physique prendrait des aspects assez différents.. Nous avons compensé en quelque sorte le champ de gravitation par un champ de force d'inertie en rapportant le mouvement à des axes en mouvement. Le changement accéléré du mouvement du système de référence est équivalent à un changement du champ de gravitation qu'on peut faire apparaître ou disparaître à volonté. Einstein a énoncé ce qu'il a appelé le principe d'équivalence : un champ de gravitation est équivalent à un champ de force d'inertie, c'est-à-dire à l'utilisation d'un système de référence convenablement choisi. Si l'on peut ainsi faire disparaître le champ de gravitation par l'emploi du boulet de Jules Verne, on peut aussi y faire apparaître un champ de gravitation très intense, en le tirant très violemment de manière à lui communiquer une accélération énorme. Tout se passerait pour des gens placés à l'intérieur comme s'ils étaient soumis à l'action d'un champ de pesanteur énorme ; ils seraient écrasés contre le fond du boulet, tout se passerait pour eux, comme si la pesanteur avait extraordinairement augmenté. Si l'on peut ainsi, par l'emploi d'un système de référence convenable, faire apparaître ou disparaître le champ de gravitation, n'est-il pas possible de choisir convenablement nos coordonnées, et le mouvement des observateurs, de façon à faire disparaître partout la gravitation ? S'il y a équivalence, on doit pouvoir se débarrasser de la gravitation, ce qui serait assez commode, faire comme si nous étions dans un boulet de Jules Verne. On peut dire que si cela avait été possible, il est probable qu'on n'aurait pas attendu Einstein pour le faire. Cette suppression de la gravitation en tous lieux par un choix convenable du système de référence où des observateurs feraient apparaître l'Univers comme euclidien dans toute son étendue, puisque, en tout lieu et à tout instant, la physique serait celle de la Relativité restreinte. De même que Copernic a dit qu'il était beaucoup plus simple de choisir des coordonnées héliocentriques, de rapporter le mouvement au Soleil au lieu de le rapporter à la Terre, on aurait dit qu'il était plus simple de prendre tel ou tel système de repérage entre les événements qui vaudrait pour tout l'Univers, et qui nous débarrasserait de cette gênante gravitation. Au point de vue théorique, nous ne pouvons nous empêcher d'être sur la Terre et placés dans un champ de gravitation quand nous rapportons les événements à des axes liés à la Terre, mais si nous pouvions admettre que nous sommes en mouvement par rapport à un système de référence convenablement choisi dans lequel la gravitation aurait disparu, cela serait bien plus commode. En fait, on s'aperçoit que ce n'est pas possible, et Einstein a bien vu qu'il en était ainsi. On ne peut faire disparaître partout le champ de gravitation, mais seulement dans une petite région. Pour des observateurs qui sont dans le boulet de Jules Verne, qui sont en train de tomber avec lui, la gravitation a disparu à leur voisinage immédiat. Ils sont tranquilles, tant qu'ils n'arrivent pas en bas. Mais s'ils avaient un moyen de communication par signaux hertziens avec des gens qui sont de l'autre côté de la Terre, ils se rendraient compte que, par rapport à eux, ces gens-là supposés en chute libre, ont une accélération double de celle de la pesanteur ; de sorte que nous avons pu effacer localement la gravitation mais que nous n'avons pas pu l'effacer partout, qu'au contraire nous l'avons exagérée ailleurs. Einstein considère qu'on ne peut pas effacer la gravitation partout, qu'on peut l'effacer localement, qu'on peut trouver un univers euclidien qui est tangent, qui coïncide dans une petite étendue avec l'univers réel, mais qu'on ne peut pas rendre tout l'Univers euclidien par un choix convenable de coordonnées. C'est tout à fait analogue à ce fait que, lorsque nous prenons une surface comme celle de cette carafe, qui n'est pas développable, dont la géométrie n'est pas euclidienne, nous pouvons la faire coïncider sur une petite étendue avec un plan ou une surface développable. C'est là la base de la théorie des surfaces de Gauss. C'est l'hypothèse que la surface est euclidienne dans l'infiniment petit. Mais nous ne pouvons pas rendre euclidienne toute la géométrie de la surface. Nous ne pouvons pas développer toutes les surfaces sur un plan sans les déchirer, sans les modifier profondément. Eh bien, Einstein a reconnu que la situation était exactement la même pour l'Univers. Nous constatons par l'expérience du boulet de Jules Verne qu'en tous points de l'Univers et à tous instants, il y a un Univers euclidien tangent : c'est l'univers du boulet qui tombe en cet endroit ;

Paul Langevin

mais seulement tangentiellement. Dans son ensemble, l'Univers n'est pas euclidien. On ne peut pas faire disparaître partout la gravitation. On conçoit donc, de cette façon, la gravitation comme étant en quelque sorte la manifestation du caractère non euclidien de l'espace, de même que la courbure totale de Gauss pour les surfaces est la manifestation du caractère non euclidien de la surface. La gravitation serait ainsi ce qui écarte l'Univers d'être euclidien. Il peut paraître bien extraordinaire de ramener la physique de la gravitation à quelque chose d'analogue à la courbure des surfaces, de ramener la gravitation à une courbure d'espace, à une déformation de l'espace à partir des propriétés euclidiennes, comme une surface non développable résulte d'une déformation à partir d'une surface développable. La gravitation est conçue ici comme un aspect de la géométrie, et le mouvement spontané que prend un corps comme une manifestation de cette géométrie, le mouvement spontané des corps (qui dans l'espace euclidien et rectiligne et uniforme) jouant dans cette conception le même rôle que la ligne géodésique sur la surface par rapport à la ligne droite sur le plan. La ligne de plus court chemin, c'est la ligne droite dans l'Univers euclidien, et le mouvement spontané, c'est le mouvement rectiligne et uniforme. Sur une surface incurvée, quel sera l'analogue de la ligne droite ? c'est la géodésique ; et le mouvement spontané d'un mobile assujetti à rester sur la surface se fera suivant une ligne géodésique de cette surface. Si je prends un mobile qui soit obligé de rester sur cette surface, et que je le lance, le principe même d'inertie me dit qu'il parcourra une géodésique de la surface. Pour Einstein, le mouvement spontané des corps suit précisément une géodésique de notre Univers. Si l'Univers est euclidien, c'est un mouvement rectiligne et uniforme ; s'il ne l'est pas, c'est autre chose, autre chose qui s'écarte du mouvement rectiligne et uniforme dans la mesure où notre Univers s'écarte d'être euclidien. Le mouvement de chute libre de notre corps nous prouve que l'espace et le temps (puisque c'est l'ensemble qui intervient ici dans l'Univers), n'ont pas le caractère euclidien, et la gravitation manifeste justement cette non-euclidianité de l'Univers.

Ce n'est qu'une étape franchie, car nous savons bien que la gravitation est due à la présence des corps, qu'il y a au moins une partie de ce que nous observons sous le nom de gravitation que nous ne pourrons faire disparaître, que nous observerons toujours un champ de gravitation quel que soit le système de référence que nous aurons choisi, et que ce sera au voisinage de la matière que ce champ de gravitation se manifestera de la manière la plus marquée. Si donc nous concevons la gravitation comme une courbure de l'espace, analogue à une courbure d'une surface, et si nous affirmons que les mouvements spontanés des corps qui tombent sur la Terre et des astres qui tournent autour du Soleil ne sont pas dûs à des attractions dans un espace euclidien, mais qu'ils sont simplement des mouvements géodésiques dans un Univers non euclidien, ce caractère non euclidien tient à ce qu'il y a de la matière dans l'espace. De quelle manière la matière va-t-elle déterminer les propriétés de l'espace ? Eh bien, Einstein a pu développer entièrement la théorie, nous donner les lois suivant lesquelles c'est la matière, ou plus exactement l'énergie présente dans l'Univers, puisque nous avons ramené tout à l'heure l'une des notions à l'autre, qui détermine la courbure de l'espace et le mouvement spontané. C'est un retournement. Vous voyez comment au fond on peut dire que cela devient presque naturel. C'est presque une autre façon de dire la même chose. Au lieu de dire que le mouvement de la Lune autour de la Terre résulte de l'attraction que la Terre exerce sur la Lune dans un Univers euclidien, nous disons que l'Univers n'est pas euclidien, qu'il s'en écarte à cause de la présence de la Terre en quelque sorte, et que c'est cette modification des propriétés de l'espace que la Terre produit autour d'elle qui fait que le mouvement spontané de la Lune n'est pas un mouvement rectiligne et uniforme, mais un mouvement de circulation. Ce n'est pas plus malin que cela, évidemment ; mais c'est génial. Quand on applique cette théorie au cas du Soleil et de la planète Mercure, on trouve qu'elle explique exactement un résidu de la théorie Newtonienne, que les astronomes n'avaient jamais pu interpréter, et que Leverrier avait cru expliquer par l'hypothèse de Vulcain, planète intra-mercurielle. Les astronomes s'étaient crevé inutilement les yeux pour voir passer Vulcain sur le Soleil. Il suffit de développer les conséquences des équations d'Einstein pour obtenir immédiatement le mouvement de Mercure tel que les astronomes l'observent. C'est déjà une sanction qui est équivalente à celle de l'entraînement des ondes pour la relativité restreinte. On a pu aller plus loin encore.

Paul Langevin

Du moment où notre Univers est conçu comme modifié par la présence de la matière et de l'énergie en général, non seulement un corps, en suivant sa géodésique, ne s'y déplacera pas en ligne droite d'un mouvement uniforme, mais encore la lumière qui représente de l'énergie et qui, dans l'Univers euclidien se propage en ligne droite, n'étant plus dans un Univers euclidien, ne se propagera plus en ligne droite : d'où la déviation de la lumière venant d'une étoile, quand elle passe dans la région de l'Univers fortement perturbée qui se trouve au voisinage du Soleil. On peut calculer de combien l'étoile paraîtra plus écartée du Soleil qu'elle ne l'est réellement, à cause de cette déviation de la lumière due à la forte courbure de l'Univers au voisinage du Soleil, et l'expérience a confirmé exactement les prévisions quantitatives de la théorie. De même, dans un domaine encore plus éloigné, si je puis dire, c'est non seulement l'espace qui est modifié, mais c'est aussi le temps. Non seulement les propriétés de l'espace dépendent de ce qui s'y trouve, mais les propriétés du temps dépendent aussi de ce qui y passe. Et, du fait de la présence du Soleil, les horloges, quelles qu'elles soient, marcheront autrement qu'en son absence ; par exemple les atomes qui sont sur le Soleil n'ont pas les fréquences lumineuses, n'émettent pas le même spectre que lorsqu'ils sont sur la Terre. Effectivement, nous pouvons constater que les raies du spectre solaire dues à certaines substances sont déplacées par rapport aux raies des mêmes substances émises sur la Terre et que le déplacement est exactement celui prévu par la théorie. Il est très petit, mais les opticiens ont le moyen de le déceler, et la vérification expérimentale est parfaite. Le déplacement des raies prévu par la nouvelle théorie est entièrement conforme aux résultats de l'expérience. L'explication de l'anomalie de la planète Mercure, la déviation de la lumière dans le voisinage du Soleil, le déplacement des raies du spectre solaire, voilà des prévisions tout à fait inattendues, qui ont enrichi notre domaine expérimental, et prouvé que la nouvelle théorie est non seulement la seule qui rend compte entièrement des faits, mais qui permet encore d'en prévoir de nouveaux. Nous n'avons rien actuellement qui puisse lui être comparé à ce point de vue, pas plus qu'au point de vue de la beauté intérieure, de la nécessité logique et de la fidélité à ce que doit être toute physique, une construction théorique sur une base exclusivement expérimentale. En éliminant le

L'Aspect général de la théorie de la relativité

temps absolu, la masse absolue, nous avons gagné l'univers euclidien qui ne comprenait pas la gravitation. En éliminant le caractère euclidien de la géométrie, nous avons gagné l'interprétation
de la gravitation et la relativité généralisée, c'est-à-dire la possibilité, moyennant l'introduction d'un champ de gravitation convenablement distribué, de donner aux lois de physique une forme
indépendante du système de référence, comme le raisonnement de
tout à l'heure sur les enchainements de coïncidences absolues nous
obligeait à le faire. Vous voyez donc qu'il y a non seulement interprétation de l'ensemble des phénomènes connus et puissance de
prévision véritablement extraordinaire, mais encore concordance
avec les prescriptions de la théorie de la connaissance. Du moment
que nous n'observons que des enchaînements de coïncidences absolues, nous devons pouvoir, et nous pouvons maintenant énoncer
les lois physiques sous une forme indépendante du système que
nous employons pour repérer les événements, exactement comme
les lois de la géométrie sont indépendantes du système de coordonnées qu'on emploie pour fixer la position des points.

Je pourrais m'arrêter là. Mais je veux ajouter quelques mots sur la
cosmogonie, pour vous montrer qu'il est possible d'aller plus loin
encore. Non seulement nous avons vu qu'au voisinage du Soleil
les corps ne prennent pas un mouvement rectiligne et uniforme,
mais qu'ils tournent autour en suivant leur géodésique, et que la
lumière s'y propage autrement qu'en ligne droite, mais encore on
constate que la masse du corps ou son énergie interne est modifiée
par la présence du Soleil d'une quantité qui dépend de la masse
du Soleil et de sa proximité, et qui est très petite d'ailleurs. Il y a
quelque chose qui a gêné Einstein. Dans la masse du corps telle
que je l'observe, je suis obligé de faire deux parties, l'une qui est
fondamentale, qui existerait si nous étions infiniment loin, et une
autre due au voisinage du Soleil. Cela n'est pas homogène. Quand
on a certaines exigences de propreté théorique, on n'aime pas que
deux parties d'un même effet soient expliquées de façons aussi di-
vergentes. Il y avait superposition d'une propriété absolue : l'existence d'une inertie fondamentale indépendante de la proximité de
toute matière et d'une autre partie de l'inertie qui avait exactement
les mêmes caractères, mais qui était liée à la présence de la matière
voisine.

Paul Langevin

Einstein s'est dit, comme Mach l'avait supposé antérieurement :
Il est beaucoup plus vraisemblable que toute l'inertie est due à la
matière présente, non pas seulement à celle qui est tout près de
nous, dans le système solaire ou dans la Voie Lactée, mais à tout
l'ensemble de la matière cosmique. C'est parce qu'il y a d'autre matière, qu'une portion quelconque de matière est inerte, c'est parce
qu'il y en a d'autre, que quand cette matière tourne, il s'y produit
des effets de force centrifuge, qu'un corps qui lui est attaché se
met à tendre le fil qui l'attache, et qu'il apparaît un champ de force
d'inertie. Et en effet, s'il n'y avait pas d'autre matière, cela n'aurait
pas de sens de dire que ceci tourne par rapport à cela ! Par conséquent, l'existence même des effets d'inertie suggère d'une façon
nécessaire qu'on doive les expliquer par le fait, qu'il y a d'autre matière. Les effets de la rotation n'ont de sens qu'à cause de l'existence
d'autre matière que celle du corps qui tourne, d'autre matière par
rapport à quoi le corps peut tourner. Si toute l'inertie est due à la
présence de matière, le développement de la théorie montre que
nécessairement la quantité totale de matière doit être finie, et que
l'Univers également doit être fini, c'est à dire que cet Univers doit
être pour les trois dimensions de l'espace l'équivalent de ce qu'est la
sphère à deux dimensions. Nous concevons très bien une surface
comme la sphère qui soit finie, mais sans limites, telle que toutes
ses régions s'équivalent, mais qui n'ait pas de points qui soient infiniment éloignés les uns des autres, et sur cette sphère dont tous
les points s'équivalent, des êtres qui seraient à deux dimensions
constateraient que leur géométrie ne serait pas euclidienne ; ce serait la géométrie de Riemann, et quand ils s'en iraient dans une
même direction, et toujours dans cette même direction, ils revien-
draient à leur point de départ. Eh bien, si l'on donne aux équations
d'Einstein une forme convenable pour interpréter cette inertie totale due à la matière présente, on peut en déduire ce que doit être le
rayon de courbure d'un univers à trois dimensions fini, mais sans
limites. On peut concevoir que, si nous nous éloignons toujours
dans la même direction, nous pourrons revenir au point de départ,
exactement comme cela a lieu à deux dimensions sur la sphère.
Imaginez-vous quelque chose à trois dimensions équivalant à la
sphère à deux dimensions, un Univers qui ait, à trois dimensions,
une rotondité analogue à celle de la Terre. On a constaté qu'en s'en

L'Aspect général de la théorie de la relativité

allant toujours dans la même direction et en restant sur la Terre à deux dimensions on revenait au point de départ. Einstein a précisément montré que la même chose se passait à trois dimensions et qu'on devait revenir toujours au point de départ en se déplaçant dans une même direction. Nous pouvons, en vertu de ces équations, connaissant en même temps la densité moyenne de la matière en tenant compte des nébuleuses, évaluer ce que serait le chemin parcouru avant de revenir au point de départ dans ce tour de l'Univers. On peut affirmer qu'il est de l'ordre d'un milliard d'années de lumière, ce qui fait : 1 milliard x 365 jours x 24 heures x 3.600 secondes x 300.000 kilomètres. Il est incontestable que cette évaluation n'introduit aucune gêne dans notre existence. Nous n'avons pas à craindre de crise du logement dans un tel espace, nous sommes bien tranquilles. En même temps, nous sommes bien chez nous ; nous avons, en effet, un univers dont nous pouvons concevoir les limites, alors que l'infinitude est quelque chose d'assez déconcertant. Je me rappelle, étant enfant, avoir essayé vainement de m'imaginer ce que c'est que l'infinitude. Ici, au contraire, nous complétons la synthèse en affirmant la finitude de l'Univers, en faisant l'évaluation du rayon de cet Univers, et en concevant que c'est la matière présente dans cet Univers qui en détermine les propriétés et qui, en particulier, détermine la géométrie, détermine le mouvement spontané que prendront les corps. Cet Univers est, en gros, sphérique à trois dimensions. Seulement, il y a des bosses dessus ! Le Soleil détermine une de ces bosses, et la Terre dans son mouvement annuel, suit les géodésiques de cette bosse. Si vous imaginez une bosse sur une surface et sur cette bosse une géodésique, au sens géométrique sensible pour nous, c'est-à-dire une ligne qui tourne autour de cette petite bosse la trajectoire de la Terre autour du Soleil est l'analogue de la trajectoire géodésique que suivrait sur cette surface un point lancé, mais lié à la surface. La bosse sur laquelle tourne la Terre est une modification locale produite par le Soleil sur l'Univers, sensiblement sphérique avec un rayon d'un milliard d'années de lumière. Sur cet Univers à courbure moyenne constante, les régions de grande densité, comme le voisinage du Soleil, créent ainsi des bosses analogues à ce que sont les montagnes sur la Terre, des inégalités locales comparées à la courbure moyenne générale de la Terre.

Paul Langevin

Voilà où nous en sommes. En sacrifiant des postulats, nous avons gagné une structure théorique extraordinairement harmonieuse. Au lieu d'avoir l'échafaudage rigide ancien, l'espace intangible euclidien, le temps absolu et la masse absolue, nous avons une science beaucoup plus homogène, nous avons une géométrie qui est déterminée par la physique, ou plus exactement la géométrie et la physique ne font qu'un tout qui est une géométrie d'ordre supérieur, la gravitation n'étant qu'un des aspects de cette géométrie. Les physiciens espèrent qu'on pourra de même faire rentrer dans cette géométrie l'électromagnétisme, qui constitue maintenant la physique. Déjà la gravitation s'est séparée de l'électromagnétisme et est rentrée dans la géométrie en la déformant ; la géométrie l'a enclavée. Nous avons encore à y faire rentrer l'électromagnétisme et ses différents aspects. Ce qu'espèrent certains physiciens, c'est de pouvoir faire rentrer dans la même synthèse ce qui reste de la physique, et par conséquence toutes les autres sciences, en constituant une géométrie plus générale que celle d'Einstein, qui comprendrait l'électromagnétisme et la gravitation comme des aspects particuliers. Mais, pour nous en tenir à la synthèse actuelle, elle est déjà assez importante, elle bouleverse assez de principes, elle change suffisamment notre conception de la nature même des choses, pour que nous ayons le droit de dire que cette période glorieuse marque un instant décisif dans l'histoire de la pensée, que M. Einstein, en vérité, nous a ouvert ce que j'appellerai une fenêtre nouvelle sur l'éternité.

L'Aspect général de la théorie de la relativité

ISBN : 978-1544246543

www.ingramcontent.com/pod-product-compliance
Lightning Source LLC
Chambersburg PA
CBHW051822170526
45167CB00005B/2122